向水而学

＞写给孩子们的＜

南水北调水文地理课

南水北调中线干线鹤壁管理处

编著

河南科学技术出版社
·郑州·

图书在版编目（CIP）数据

向水而学：写给孩子们的南水北调水文地理课 / 南水北调中线干线鹤壁管理处编著 . —郑州：河南科学技术出版社，2022.3（2024.3 重印）
ISBN 978-7-5725-0755-7

Ⅰ . ①向… Ⅱ . ①南… Ⅲ . ①南水北调 – 水利工程 – 青少年读物 Ⅳ . ① TV68-49

中国版本图书馆 CIP 数据核字（2022）第 036800 号

出版发行：河南科学技术出版社
　　　　　地址：郑州市郑东新区祥盛街 27 号　　邮编：450016
　　　　　电话：（0371）65788613　65788642
　　　　　网址：www.hnstp.cn
策划编辑：刘燕芳
责任编辑：刘燕芳
责任校对：耿宝文
整体设计：薛　莲
责任印制：朱　飞
印　　刷：河南奈斯数字科技有限公司
经　　销：全国新华书店
开　　本：787 mm × 1 092 mm　1/16　印张：5.5　字数：80 千字
版　　次：2022 年 3 月第 1 版　2024 年 3 月第 3 次印刷
定　　价：39.00 元

向水而学

写给孩子们的南水北调水文地理课

编委会

主　　编：王　颂　　卞红鹏

副主编：王红雷　　陈　丹　　陈玥瑶

编　　委：于　镭　　李志朝　　鲁建锋　　唐东军

　　　　　程医博　　丁志广　　孙家祺　　邵艳波

　　　　　刘菁阳　　翟自东　　李立弼　　韩鹏飞

　　　　　张　健　　赵莹莹　　李　红　　刘　露

寄 语

　　同学们，我们都知道水是生命之源，汩汩清水，滋润大地，哺育万物。在我国辽阔版图上，现在又多出几条"碧绿丝带"在山川原野间穿梭，它们一路向北延伸，组成我国"四横三纵"的骨干水网，为中国干渴的北方送去汩汩清流，这项伟大的工程就是南水北调工程。

　　南水北调——我国一项重大跨流域调水工程，主要解决我国北方地区，尤其是黄淮海流域的水资源短缺问题。截至 2021 年 10 月，南水北调东线、中线一期工程，已累计调水近 500 亿立方米，直接受益人口达 1.4 亿。

　　它不畏艰难险阻，穿山岭、跨河流，长途跋涉中一路北上，滋润四季，创造了无数世界之最。希望这本精心编写的《向水而学：写给孩子们的南水北调水文地理课》能帮助大家了解这项神奇工程背后承载的知识、凝聚的智慧和彰显的精神，也希望大家能有所收获并将所学运用到学习和生活中，积极向上，快乐成长，将来为我们国家的建设和发展贡献智慧与力量！

认识小水精灵

亲爱的同学，你好！很高兴认识你，我是水精灵小水，来自烟波浩渺的丹江口水库。我和其他成千上万的小水滴一起，沿着南水北调中线渠道一路北上，去完成润泽祖国的伟大使命。对此，我感到非常光荣和自豪！现在，我又有了一个新的使命，那就是陪你一起完成本次的研学活动，希望我们能一起度过这段充实而美好的时光，帮助你学有所获，学以致用！

下面是我的小档案，能够帮助你更加了解我哟！

姓　名：小水

出生地：丹江口水库

性　格：活泼开朗、热情大方

使　命：传播水文化

　　　　润泽千万家

———————————

让我们一起握个手吧！

填写专属档案

亲爱的同学，当你拿到这本书时，小水就有了一个新主人，那就是你！快填写你的专属档案，让我们互相认识一下吧！

姓名：_____　　　生日：_____

学校：_____　　　班级：_____

爱好：_____

预期收获：

_____

_____

_____

目 录

1

第四篇 生态篇 / 43

第五篇 安全篇 /53

第六篇 收获篇 /72

第一篇

准备篇

凡事预则立，不预则废

行前准备攻略

　　凡事预则立，不预则废。要想在这次珍贵的研学活动中留下美好回忆，取得满满收获，充分的行前准备自然必不可少，小·水特意为你准备了一份"行前准备攻略"，速速拿起这份攻略，快快行动起来吧！

知识准备

　　在研学之旅开始前，必要的知识准备可以帮助我们更加充分地了解南水北调工程。了解越多，我们的收获也会越多哟！

知识获取途径

书籍报刊	书籍报刊是人类的知识宝库，它们能为我们提供全面、准确的知识。
网络资源	只要我们愿意学习，电脑、手机等都能成为我们获取知识的工具。
亲朋好友	三人行，必有我师。身边的亲朋好友，也是我们获取知识的重要途径。

物品准备

　　充分的物品准备，可以为我们的研学之旅带来便利和保障。物品准备包括满足我们衣食住行的生活用品和帮助我们获取知识的学习用品，在下面的物品清单里，以打"√"的方式选出你准备携带的物品吧！

我的物品清单

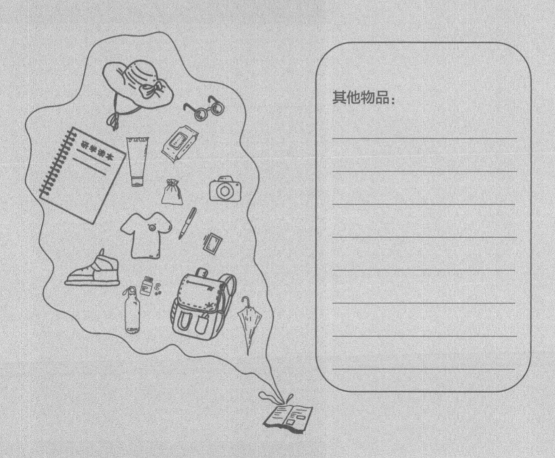

其他物品：

心理准备

当我们离开熟悉的家和学校，和同学们一起来到一个全新的环境，一起乘车、一起就餐、一起学习时，难免会有一些不适应。这时候，积极的心态可以帮助我们顺利解决问题，获得美妙的体验。

好奇心 它是我们学习的内在动机之一，是个体寻求知识的动力，也是创造性人才的重要特征。

平常心 和同学们一起集体外出，在遵守秩序如排队等待时难免会产生焦躁的情绪。良好的心态不仅能帮助我们解决棘手的问题，还能帮我们获得感激、信任等一切美好的心意。

同理心 "己所不欲，勿施于人"，经常换位思考，站在对方的角度思考问题，会帮助我们收获更多的友谊哟！

责任心 参加团队活动时，较强的责任心能帮助我们积极面对困难，为团队的任务完成贡献一份力量。

南水北调中线工程水源地——丹江口水库

必备安全秘籍

出门在外，当然是"安全第一"啦！小水准备了一些安全秘籍，希望能够帮到你哟！

交通安全

走路要走人行道，
来往车辆仔细瞧，
上下车辆不争抢；
安全带子要系好，
身体不向窗外探，
文明乘车要做到。

饮食安全

饮食卫生记心头，
饭前双手要洗好，
用餐时间不嬉笑，
细嚼慢咽消化好。

第二篇

水情篇

学习水知识，守护水资源

水，是万物之源，它滋养着大地，是哺育生命生长的乳汁；水，是经济命脉，它主宰着万物，是自然界奉献给人类的宝贵资源。本篇小水将带领大家走进水世界，一起学习水知识，守护水资源！

来自小水的自述

大家好！我是小水，一个大自然中普通的小水滴，属于地球水资源中的一员。说起我所在的水家族，我感到非常自豪，虽说水是自然界中最普通的物质，但这世间的万事万物都离不开水，可以说没有了水，就没有了地球上的生命。

就拿人体来说，人体重的 2/3 都是水，水参与了人体内的多种化学反应。如果人体缺水，养料不能被吸收，氧气不能被输送到所需的部位，废物不能排出，新陈代谢就会停止。

随着社会的发展、城镇化进程的加快、人口的持续增长，用水量大幅增加，水资源严重不足与分布不均衡已经影响了工农业生产的发展。工业废水排放、农业面源污染、生活污水排放和生活垃圾造成的水污染一直困扰着我们，水家族中的很多成员因为遭受污染不能再为人类做贡献，变成了没有使用价值的废水。雪上加霜的是，由于用水量增加、水资源浪费严重、气候变暖导致蒸发量增加等各种原因，地球上的很多区域出现了缺水情况，并日益严重，这是一件令我们非常难过的事情。

身体中水分的占比

70%~80%	60%~70%	50%~60%
小孩	成人	老人

小水提示：

　　农业面源污染发生在农业和农村区域，没有明确排污口，主要借助降雨或排水将地表存留的肥料、农药等带入水体，引起生态系统的污染。农药、畜禽粪便、农业废弃物、生活垃圾构成农业面源污染。农业面源污染与固定、可查清污染源的点源污染（如工业污染）相比，时空范围更广，不确定性更强，污染成分及污染过程更为复杂且难以控制。

南水北调中线工程

蔚蓝星球的水危机

小水提问：

　　如果从遥远的太空望向地球，会发现其实我们生活在一个分布着海洋、江河和湖泊的蔚蓝星球上。既然地球上的水这么多，应该是"取之不尽，用之不竭"的，怎么会缺水呢？

　　地球上的水，约 97% 是海水。虽然地球是一个被水覆盖的蔚蓝星球，但人类能够使用的仅是含盐量很低的淡水，咸咸的海水含有很多盐，并不能被直接使用。地球上的淡水资源非常有限，约占总水量的 3%，而在这 3% 的淡水中，又有约 68.7% 的淡水以冰雪的形式存在于南、北两极和世界各大冰川上，约 30.1% 的淡水位于深层地下很难开采，我们难以直接利用。因此，可利用、易开发的淡水资源其实非常少，仅占地球上全部淡水的约 0.3%。

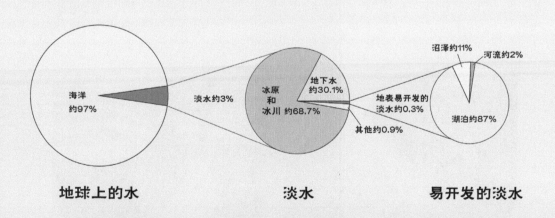

海洋约97%　　淡水约3%　　冰原和冰川约68.7%　　地下水约30.1%　　地表易开发的淡水约0.3%　　其他约0.9%　　沼泽约11%　　河流约2%　　湖泊约87%

地球上的水　　　　　　淡水　　　　　　易开发的淡水

　　人类真正能够直接利用的只剩下江河湖泊里的水，以及地下水中的一部分，仅占地球总淡水量的约 0.3%。这些本身就已经非常有限的水资源还存在分布不均的问题，约 65% 的易开发淡水资源集中在不到 10 个国家，而约占世界人口总数 40% 的 80 个国家和地区却处于严重缺水状态，我国的人均水资源占有量仅为世界人均水平的 1/4，是世界上严重缺水的国家之一。

南水北调中线工程

"干渴"的华北平原

小水提问:

你认为中国最"干渴"的地方在哪里?

提起中国最"干渴"的地方,也许你首先会想到黄沙弥漫的新疆沙漠地区。其实,在中国,如果按照人均水资源占有量计算,最为"干渴"的并不是沙漠广布的西北地区,而是人口稠密的华北平原,尤其是京津冀地区——这一地区人口众多,经济发达,但人均水资源占有量极低,不足全国平均水平的 1/7,远低于国际公认的人均500 立方米的"极度缺水标准"。

不好意思,我先喝了……

世界人均
水资源占有量

不客气,我省着点喝……

中国人均
水资源占有量

这一口下去,就没了吧……

华北平原人均
水资源占有量

那么,我就不喝了……

京津冀地区人均
水资源占有量

原本，人们使用地表水就可以满足基本用水需要，但是因为华北平原地区缺水严重，可被人们利用的地表水所剩无几，于是人们不得不通过地下水超采来获得水源，而超采地下水又导致华北平原的地下出现了面积约7万平方千米的"大漏斗"，成为世界较大的地下水降落漏斗区。"大漏斗"的存在造成了严重的地面沉降，地面沉降区的高楼大厦、地铁、火车等都存在安全隐患。

小水提示：

华北平原：又称黄淮海平原，主要由黄河、淮河、海河、滦河等冲积而成。平原人口和耕地面积约占全国的1/5。我们的首都北京即位于华北平原北部。

华北平原，位于温带季风气候区，降水较少，年降水量在400~800毫米，降水集中在7~8月。

地下水超采：是指地下水开采量超过地下水可开采量而导致地下水位持续下降的现象。

南涝北旱的难题

小水提问：
　　为什么华北平原会成为中国最"干渴"的地方？

　　从地理位置来看，我国位于亚欧大陆东部，太平洋西岸，西北有高原，东南有大海，地势西高东低，呈阶梯状分布。辽阔的地域，复杂的地形，造就了我国气候复杂多样和季风气候显著两个主要特征。

　　季风，是随着一年内的季节交替，风向发生规律性变化的风。中国位于北半球中纬度的大陆东边，而季风的生成与海陆分布有密切关系。

小水提示：
　　我国东部地区为世界上典型的季风气候区，由北向南分布着温带季风气候、亚热带季风气候和热带季风气候，季风气候的类型齐全。

　　我国西北地区属于温带大陆性气候。青藏高原有着独特的高原山地气候特点。

　　我国季风气候特点：冬季多吹偏北风，寒冷干燥；夏季多吹偏南风，湿润温暖。冬季南北温差大，夏季普遍高温。东西干湿差异显著。

季风气候造成降水量从东南沿海向西北内陆递减，进而形成了丰水、多水、过渡、少水、缺水五种地带。丰水地带的降水量很多，缺水地带的降水量就很少。从中国水资源分布特点来看，我们可以清晰地了解到，长江流域和长江以南地区基本上处于丰水带和多水带，水资源量可谓"富有"；而长江以北地区大多处于过渡带、少水带和缺水带，水资源非常"贫乏"，悬殊的水资源占有量造成了我国南涝北旱的现状。以人均水资源占有量来计算，南方的人均水资源占有量是北方的十多倍。

　　拿我们熟悉的长江和黄河来讲，长江流经我国南方地区，大多属于亚热带季风气候，降水丰富，因而汇聚到长江的水就比较多，并且支流也多，每年有 94% 以上的长江水流入大海。相比之下，黄河就显得"拮据"很多，自 20 世纪 70 年代以来，在短短的几十年里，黄河下游多次断流，特别是 20 世纪 90 年代之后，断流现象更为严重。

南水北调肖楼分水口

14

伟大的世纪工程

　　我国水资源南多北少的情况已经是现实，为了解决这个难题，早在 1952 年，我们伟大的人民领袖毛泽东主席就提出了南水北调的宏伟构想。水资源充沛且较稳定的长江自西向东流经大半个中国，上游靠近西北干旱地区，中下游与最缺水的华北平原及胶东地区（胶东半岛）相邻，通过它"支援"我国北方再合适不过。于是，我国政府决定从南方的长江向北调水，用来缓解我国水资源南多北少的现状，因此诞生了伟大的南水北调工程。工程通过东线、中线、西线三条调水线路与长江、淮河、黄河和海河四大流域的连接，构建"四横三纵"的中国大水网，实现我国水资源的南北调配、东西互济。

南水北调线路示意图

　　在幅员辽阔、地势崎岖的中华大地上完成南水北送可不是件容易的事情，自南水北调的设想提出以来，大到线路如何布局、区域如何设置，小到渡槽什么结构、管道什么材质，不计其数的相关论证长达半个世纪，终于在 2002 年 12 月 23 日，国务院批复《南水北调工程总体规划》。

这项被寄予厚望的工程，肩负着缓解我国北方水资源严重短缺局面的伟大使命，整个工程分为东线、中线、西线三大部分，将丰沛的长江水分别从下游、中游和上游调入北方，以沿线 100 多个城市生活和工业用水为主要供水对象，兼顾农业及其他用水。

东线工程 东线工程从扬州市江都区开始，一路上"激活"京杭大运河河道，连通四大湖，并通过 13 级泵站克服地势高差，输水到山东烟台、威海和天津市。

中线工程 中线工程从丹江口水库调水，沿着华北平原中西部开挖渠道，通过隧道穿过黄河，基本上让水自流到北京、天津。

西线工程 西线工程则是从长江上游支流调水至黄河上游，肩负着补充黄河上游水资源不足、解决我国西北干旱缺水、促进黄河治理开发的重任，这项工程难度巨大，目前，专家们还在为这项宏伟工程的设计和建设方案进行论证。

经过半个多世纪的不懈努力，南水北调工程分别在 2013 年底和 2014 年底完成了东线一期和中线一期通水工作。这项大国工程在通水以后不负众望，成为我国多个重要城市供水的"生命线"，大大改善了我国北方地区的水资源条件、饮水质量和生态环境状况。

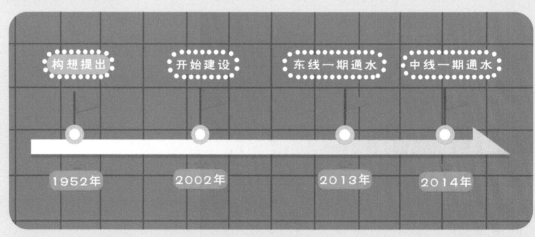

构想提出　　开始建设　　东线一期通水　　中线一期通水

1952 年　　2002 年　　2013 年　　2014 年

爱水护渠在行动

南水北调工程被誉为"蓝色生命线"，"南水"是我国北方人民的"生命之水"。在日常生活中我们要做到爱水护渠，共同守护一渠清水持续北送。

怎样才能做到爱水护渠呢？下面四项爱水护渠小知识可以帮到大家，我们不仅要牢牢记住，严格遵守，还应该把这些知识扩散给更多的人。

不乱扔杂物

不破坏防护网

不损毁工程

不擅自取用水资源

共同守护水资源

小水提问：

有了南水北调工程，我们还需要节约用水吗？

北方缺水，可以从南方调水，但前提是南方有充足、清洁的水。如果水资源继续被滥用、被污染呢？虽然南水北调工程的建设，一定程度上缓解了我国北方水资源的紧缺局面，但是从总体来讲，我国在水资源分布上仍然是北缺南丰，从大局出发长远来看，节水护水是一个影响长远的行为。

如何才能做到节水护水呢？小水为大家提供了一些节水护水小窍门，帮助大家在日常生活中成为节水护水达人。

节水窍门

洗漱节水

- 使用可调节水量的节水龙头。

- 刷牙时用漱口杯接水。

- 洗手、洗脸时注意间断用水。

- 每次使用完拧紧水龙头。

卫浴节水

- 缩短淋浴时间，打肥皂或用沐浴露搓洗时暂时关水。

- 收集淋浴用水，可留作冲厕所等用。

- 尽量选用节水型坐便器，马桶漏水要及时修理。

- 在马桶水箱里放置装满水的塑料瓶，可减少冲水量。

厨房节水

- 清洗炊具、餐具时，先用纸巾擦去油污再冲洗。

- 洗菜、洗碗筷时，最好用盆接水洗，不要一直开着水龙头。

- 解冻食物勿用水冲，提前放入冷藏室效果更佳。

- 煮少量鸡蛋时，可用煮蛋器代替大锅水煮。

洗衣节水

- 少量小件轻薄的衣物，用盆接水手洗更省水。

- 大件厚重衣物集中起来用洗衣机清洗，以减少洗衣次数。

- 洗衣前先浸泡，洗涤剂适量添加，以减少漂洗次数。

- 漂洗后较干净的水，可留作下次洗涤或拖地用。

一水多用

- 家中准备一个收集废水的大桶，攒够量可用来冲厕所。

- 空调滴水也可收集用于拖地或冲厕所。

- 淘米水、煮过面条的水，可以用来洗碗筷，去油效果也不错。

- 用养鱼的水浇花，能促进花木生长。

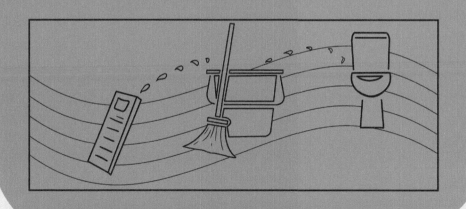

护水秘籍

●慎用洗涤剂，尽量用肥皂，水污染较少。

大多数洗涤剂都是化学产品，洗涤剂含量大的废水，排放到江河湖泊里，会使水质恶化。

●珍惜纸张，就是珍惜森林与河流。

纸张的大量消耗不仅造成森林毁坏，而且生产纸浆的过程中会排放污水，使江河湖泊受到严重污染。

●选无磷洗衣粉，保护江河湖泊。

使用含磷洗衣粉会使大量的含磷污水流入水源，引起水中藻类疯长，水中生物因缺氧而死亡，水体也因此成为死水、臭水。

●积极参与植树造林，增加森林面积，涵养水源。

森林有涵养水源、减少无效蒸发及调节气候的作用，具有节流意义。因此，我们应多植树绿化，不随意践踏破坏，保护身边的绿水青山！

探索地带

小小水资源专家

下页表是《中国水利统计年鉴2020》中的各地区人均水资源占有量相关数据，请你化身水资源专家，根据表中数据，调查自己家乡水资源利用情况，针对家乡的水资源利用情况，提出一些自己的建议或措施，设计一个守护水资源的实施方案。

各地区人均水资源占有量表

地区	人均水资源占有量 （立方米）	地区	人均水资源占有量 （立方米）
北 京	114.2	湖 北	1 036.3
天 津	51.9	湖 南	3 037.3
河 北	149.9	广 东	1 808.9
山 西	261.3	广 西	4 258.7
内蒙古	1 765.5	海 南	2 685.5
辽 宁	587.8	重 庆	1 600.1
吉 林	1 876.2	四 川	3 288.9
黑龙江	4 017.5	贵 州	3 092.9
上 海	199.1	云 南	3 166.4
江 苏	287.5	西 藏	129 407.2
浙 江	2 281.0	陕 西	1 279.8
安 徽	850.9	甘 肃	1 233.5
福 建	3 446.8	青 海	15 182.5
江 西	4 405.4	宁 夏	182.2
山 东	194.1	新 疆	3 473.5
河 南	175.2		

实施方案

南水北调——国之大事

2021年5月13日至14日,习近平总书记来到南水北调中线工程渠首所在地——河南省南阳市淅川县,对中线工程相关工作进行考察,并发表重要讲话。总书记强调,南水北调工程事关战略全局、事关长远发展、事关人民福祉。

水是生存之本、文明之源。自古以来,我国基本水情一直是夏汛冬枯、北缺南丰,水资源时空分布极不均衡。新中国成立后,国家开展了大规模水利工程建设。特别是党的十八大以来,为了解决水灾害防治、水资源节约、水生态保护修复、水环境治理等问题,建成了一批跨流域跨区域重大引水、调水工程。南水北调是跨流域跨区域配置水资源的骨干工程。南水北调东线、中线一期主体工程建成通水以来,在经济社会发展和生态环境保护方面发挥了重要作用。

南水北调工程功在当代,利在千秋。这项国之大事、世纪工程、民心工程,必将在中华民族伟大复兴的征程中刻下不朽的印记。

南水北调中线工程

第三篇

科技篇

探秘工程科技，领略大国智慧

在宏伟的规划版图上，南水北调工程东、中、西三条线一路向北方广袤的腹地延伸，在中华大地上构筑起了一个水资源合理配置的庞大水网。这项超级工程的背后，汇聚了中华民族几千年的智慧与力量，本篇小水将带领大家走进南水北调工程，一起去感受这项伟大工程背后的科技智慧。

攻坚克难的建设历程

小水提问：

　　毛泽东主席在 1952 年就提出了南水北调的伟大设想，为什么经历了半个多世纪才得以实现?

　　从伟大构想的诞生到如今两条蓝色水路润泽北方，这项宏伟工程的背后，汇聚了几代人的心血和智慧。1952 年，毛泽东主席在河南省郑州市黄河边的邙山视察黄河时提出："南方水多，北方水少，如有可能，借点水来也是可以的。"南水北调这个宏大的战略构想就这样被提了出来。

　　伟大构想，需要科学论证。南水北调前期论证就长达半个世纪。这期间，各方面的专家学者提出了众多技术方案和设想，且意见分歧很大。主要涉及：有没有必要建设南水北调工程，如何设计调水线路，治污环保和移民问题怎么解决，优先建设哪条调水线路等各种问题。

　　50 年漫长的前期研究，可以说凝聚了几代人的心血和智慧，融汇了上万名科技工作者孜孜不倦的探索和追求。决策过程漫长而谨慎，也充分体现了南水北调工程前期论证的艰辛和不易、科学和缜密。

大国工程的智慧力量

小水提问：
　　这项汇聚了几代人心血和智慧的大国工程，到底蕴藏着哪些智慧呢？

东线：实现水往高处流

　　我们都知道水会在重力的作用下，呈现"水往低处流"的现象，可南水北调东线工程从调水起点到黄河下游中段南岸，地面高程升高了将近 40 米，相当于十几层楼的高度，难度可想而知。那么怎样才能实现"水往高处流"呢？

　　为了确保南水（长江水）克服自身重力，从江苏省扬州市江都水利枢纽顺利到达黄河，东线一期工程请了 13 个"大力士"来帮忙，它们被称为泵站。这 13 个"大力士"组成了世界最大的泵站群，它们齐心协力，将长江水逐级提升，经洪泽湖、骆马湖、南四湖，最终提升到东平湖最高水位，然后顺利穿过黄河，自流输水到胶东半岛。

黄河下游中段

江都水利枢纽

中线：自流北方"三千里"

中线工程是在我国山地丘陵和平原交界地带新开挖一条渠道，工程规模和施工难度都比东线工程大很多。但相比南水北调东线工程，中线工程显得要"省力"很多，全程仅仅建有一座泵站，凭借将近100米的高差，实现了全长1432千米（包括总干渠和天津干渠）将近三千里的调水任务，这又是如何实现的呢？

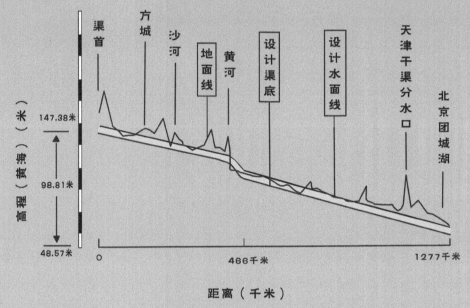

中线工程输水干线纵断面（示意图）

为了实现丹江水全程自流，南水北调中线工程的专家们想到了一个好办法，那就是通过丹江口大坝加高工程，将水源地丹江口水库的水位抬高，加大中线工程起点与终点之间的高程差，使南水能够依靠"水往低处流"的道理自流向北。

不过，在南水北上的路上由于山岭起伏、河网密布，要想实现全程自流，仅仅依靠丹江口大坝加高工程还远远不够。为了解决这个问题，这一路上修建了27座渡槽、102座倒虹吸、17座暗渠、12座隧洞、1座泵站、476座排水建筑物和303座控制建筑物，穿越大小河流686条，使得丹江水能穿山越河，一路自流北上。

西线：艰难论证尚未完

西线工程是南水北调工程三条线路中唯一还没有开工建设的线路。这条线路预计分"上线"和"下线"两条调水线路，从长江上游调水到黄河上游，用来根治黄河水资源短缺问题，解决黄河河道断流问题，养育黄河儿女。未来通过增加黄河水量、采用疏浚方式，人工干预使"悬河"不再抬升，变成相对"地下河"，确保黄河安澜，同时实现能源存储转换等。这项意义非凡的西线工程，为什么迟迟没有动工呢？

示意图
---- 南水北调西线工程

原来，西线工程将途经地质条件复杂、崇山峻岭密布的青藏高原，施工难度非常大。此外，这项工程还要同黄土高原的水土保持、生态移民和黄河河道治理等重大难题一起统筹谋划，所以这项工程目前还处于论证阶段。也许，正在努力学习科学文化知识的你，将来长大后也能为西线工程的建设和运营贡献力量呢！

小水提示：
悬河是河床高出两岸地面的河，又称"地上河"。黄河下游部分是世界上著名的悬河。

工程背后的科技密码

南水北调中线一期工程是南水北调工程的重要组成部分,它一路上穿越黄河、路过城市、与高速列车并肩,创造了无数的工程奇迹。这背后蕴藏着数不胜数的科技智慧,小水将带领大家从南水北调中线源头一路行走,看看"一渠清水北上"背后的科技力量。

南水千里进京路
(中线总干渠工程示意图)

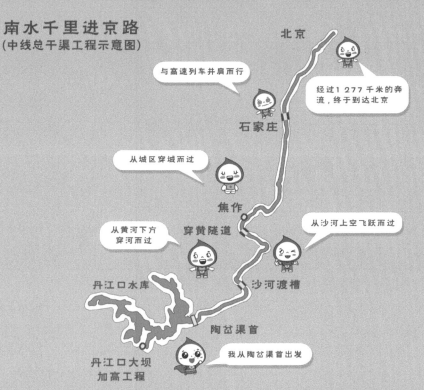

北京

与高速列车并肩而行

经过1 277千米的奔流,终于到达北京

石家庄

从城区穿城而过

焦作

从沙河上空飞跃而过

穿黄隧道

从黄河下方穿河而过

丹江口水库

沙河渡槽

陶岔渠首

丹江口大坝加高工程

我从陶岔渠首出发

大坝"长高"水自流

丹江口水库被称为"亚洲天池",是亚洲第一大人工淡水湖。丹江口水库位于湖北、河南两省交界处,是南水北调工程中线的水源地。为了在满足防洪、发电、通航的基础上,肩负起清水北上、润泽北方的重任,工程需要增大水库容量,实现全程自流。为此,水利专家们想出让丹江口大坝"长高"的办法,于是就有了丹江口大坝加高工程。

　　在丹江口大坝加高工程开始之前，丹江口大坝已经"工作"了将近 40 年，想让这位近 40 岁的老坝"长高"，可不是件容易的事。如果因为新老混凝土在外部气温作用下，产生不均匀的热胀冷缩，很有可能会导致坝体间产生缝隙，后果不堪设想。

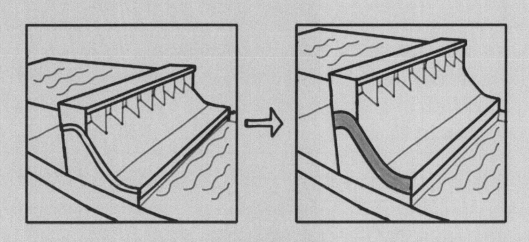

小水提示：
　　热胀冷缩是物体的一种基本特质。物体在一般状态下，受热以后会膨胀，受冷以后会缩小，大多数物体都具有这种特质。

如何让新老混凝土"无缝衔接"，是摆在工程师们面前的重大难题。对此，相关施工建设只在每年的 10 月至次年的 5 月间进行，避开了夏日高温对混凝土浇筑的影响。此外，工程师们还利用了类似拉链的原理，在老坝的混凝土上切割出一道道键槽，让新老混凝土之间像拉链一样紧紧"咬合"在一起。最终，经过 8 年的不懈努力，完成了坝体加高 14.6 米（由原来的 162 米加高到 176.6 米）的高难度工程，这样就与北京形成约百米的高差。建设者们克服老坝上加新坝的难题，让新老混凝土完美合体、滴水不漏。目前，这项工程也成为我国水利水电工程加高续建之最。

凌空而过架"天河"

中线工程沿途需要穿越大小河流 686 条，为了确保输水水质安全，不受洪涝和污染的影响，一座座庞大的"水上立交"横空出世。位于河南省邓州市的湍河渡槽就是其中之一，它是目前国内输水工程中跨度最大的渡槽工程。渡槽这种输水方式一般应用于渠水需要跨越河流、道路、山冲、谷口等地的情况。

湍河渡槽的单跨槽段就达 1 600 吨，面对如此巨大的重量，常规的吊装设备已经不能解决问题，于是，建设者们采用了"金蝉脱壳"的方法，利用大型造槽机，现场完成混凝土浇筑。

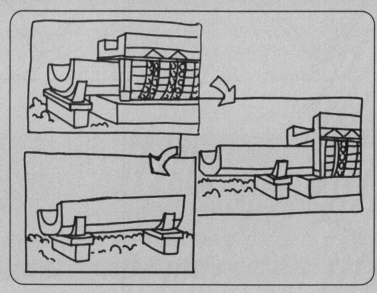

长江黄河来"握手"

渡槽只是丹江水与河流交汇时一种从上而过的输水形式，其实更多的时候，它们走的是"倒挂彩虹"的路径，从河流的下面穿过，这就是倒虹吸工程。其中，难度最大、规模最大的当数南水北调中线穿越黄河的穿黄工程。

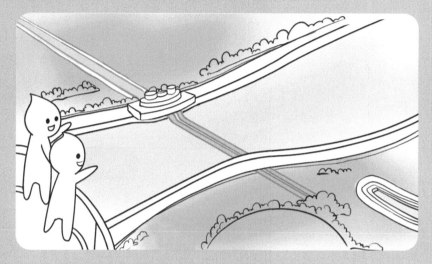

南水北上，黄河郑州段是无法绕开的，自古以来，黄河这条母亲河个性很强，桀骜不驯，三千年来下游河道像龙尾一样不断扫摆，由于它经常变道，导致黄河古河床下地质情况异常复杂。所以南水想从下方穿越黄河，难度非常大，穿黄工程被称为是南水北调中线的"咽喉"工程。

黄河河道示意图

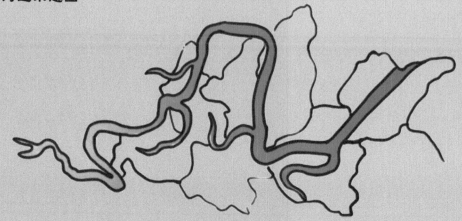

为保障穿黄工程的顺利实施，南水北调工程师们克服重重难题，最终采用双线平行布置的穿黄隧洞，使北上的丹江水从黄河河床下 23 米至 35 米深处的隧洞穿过，最终顺利穿越黄河。这项"江水不犯河水"的穿黄工程创下了多项国内水利工程之最。

与地铁"擦肩而过"

经过 1 000 多公里的长途跋涉，一路奔流的南水终于到达了北京，但是一道巨大的难题又摆在了工程师们面前：北京纵横交错的交通网络使南水的入京路举步维艰。就拿北京五棵松地铁站来说，南水从地铁站穿过，就需要考虑如何避开已经深埋地下的地铁站，不影响地铁的正常运行。

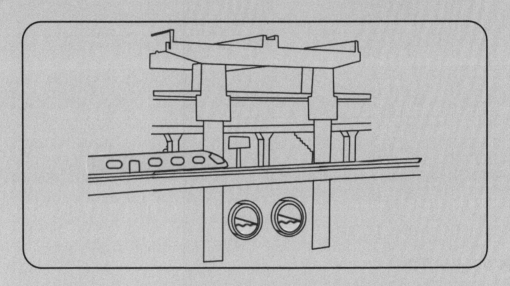

经过工程师和建设者们的不懈努力，两条内径 4 米的有压输水隧洞从地下车站下部穿越，创下暗涵顶部与地铁结构距离仅 3.67 米的纪录。如今，在五棵松地铁站步履匆匆的行人们，丝毫感觉不到在不足 4 米的脚下，居然有跋涉 1 000 多公里的滔滔长江水奔流而过。

中线工程中的炫酷科技

要想保证一渠清水持续北送，除了建造各种大型水利工程之外，还需要各种新技术的协助。下面，小水带领大家一起来感受一下南水北调中线工程背后强大的炫酷科技。

为了保证输水安全，南水北调工程运用了先进的全景数据三维建模技术。借助这项先进技术，工作人员可以随时了解工程的运行状态，做到有效的科学管理和精细的维护。

南水北调工程还启用了"海、陆、空"现代化装备齐上阵的科技手段：

在水下，机器人深入水中，执行闸门检测、砌板检测、修复效果检查、水生生物检查、边坡除藻等任务。

在空中，当发生紧急水污染事件时，无人机可以飞向水面，代替人工采集水样，以便工作人员能快速获得水样进行检测，确保工程供水安全、水质稳定达标。

在地面，南水北调中线干线上设有多个水质自动监测点，人工水质监测与自动监测相互配合，全面确保水质安全，使中线干线供水水质稳定在Ⅱ类标准及以上。

安全保障措施

中线工程为了保障渠道和人员的安全，也是下足了功夫：

● 在中线全线设置的安全监测点就多达8万个，全力保障干渠安全。

● 为了保障渠道人员进出安全，还启动了物联网应用系统进行实时监测。

● 中线工程还使用了"中线天气"应用系统分析汛期降雨及影响范围，帮助工作人员提前判断，发出预警。

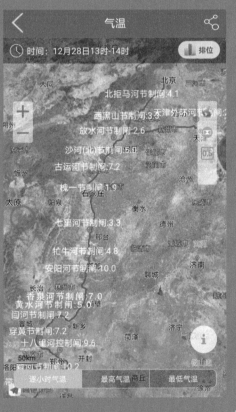

"倒挂彩虹"与淇河相遇

位于河南省北部的鹤壁市距今已有 3 000 多年的历史,它是商王朝国都朝歌的所在地,是一座历史悠久、人才辈出的历史文化名城,而这一切与一条古老的河流——淇河有着密不可分的关系。淇河属海河流域,7 000 多年前,我们的祖先已在淇水流域繁衍生息,淇河孕育了独特的淇河文化,它还是一条产诗出歌的河流。自古以来,它备受文人学士、骚人墨客的青睐,历代描写和赞美淇河的诗文非常多,我国第一部诗歌总集《诗经》中,就有大量描绘淇河的诗篇。

南水北调中线淇河倒虹吸工程

自古以来,淇河在历史文化中的形象都是浪漫美丽的。历史的车轮走到今天,随着南水北调中线工程的建设,在美丽的鹤壁市淇滨区,一路奔流北上的丹江水与汤汤流淌几千年的淇河即将浪漫相遇,如何使丹江水顺利与淇河完成这次相遇成了一道难题。最终,在没有借助任何外力的情况下,丹江水变成了一道"倒挂的彩虹",从淇河的下方穿过,顺利完成了穿越淇河的任务。这是怎么做到的呢?这道"彩虹"里蕴藏了哪些科学道理呢?

南水北调中线淇河倒虹吸工程

原来，淇河倒虹吸工程运用到了物理上的虹吸原理。虹吸是利用液面高度差产生的作用力，将虹吸管两端置于不同水平面，利用水柱压力差，使水先上升后再流到低处。虹吸的实质是因为液体压强和大气压强而产生的。

虹吸原理就是连通器的原理。一根倒 U 形的虹吸管里灌满水，没有气体，进水端水位高，压强大；出水端水位低，压强小。

其实，虹吸原理并不是现代人的新发现，在中国古代，人们就发现并应用了虹吸原理。应用虹吸原理制造的虹吸管，在中国古代称"注子""偏提""渴乌""过山龙"。宋朝曾公亮、丁度等编撰的《武经总要》中，有用竹筒制作虹吸管把峻岭阻隔的泉水引下山的记载。

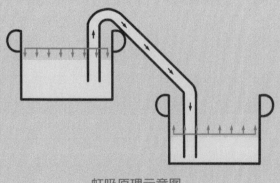

虹吸原理示意图

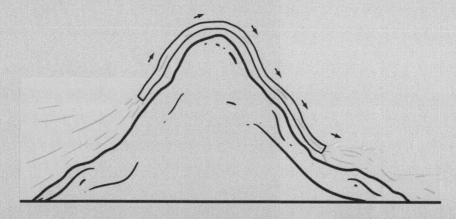

　　不仅如此，聪明的古人还利用虹吸原理制作了既能照明又能净化空气的雁鱼铜灯（现藏于陕西历史博物馆），将虹吸原理运用到了日常生活中。

　　到了近代，人们又利用该原理解决了屋顶的雨水排水问题。步入现代社会，虹吸原理的应用更加广泛，与我们生活的关系也更加密切，比较常见的有虹吸式马桶、虹吸式咖啡机等。

　　淇河倒虹吸工程运用的是以虹吸原理为基础的倒虹吸技术。什么是倒虹吸呢？当渠道与道路或河沟高程接近，处于平面交叉时，需要修一个构筑物，使水从路面或河沟下穿过，此构筑物通常叫

雁鱼铜灯

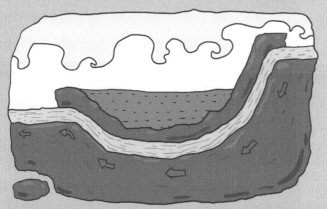

作倒虹吸。虽然倒虹吸和虹吸的输水原理相同，即都借助于上下游的水位差，但倒虹吸在开始工作时不需人为地制造管中的真空，所以更为普及。

虽然倒虹吸的原理看似简单，但让奔流的南水幻化成一条倒挂的彩虹，从美丽的淇河下方穿过，这件看似有趣的工程实施起来难度却是相当大。在设计和施工过程中，工程师和建设者们需要考虑如何避免塌方、如何抵抗地震、施工机器如何入地、如何检修、如何保障施工人员安全等各种问题。正是有了先进的技术和建设者们百折不挠、勇于创新的精神，才有了如今已经建成通水的淇河倒虹吸工程。该工程是南水北调中线上一座大型渠穿河交叉建筑设施，也是南水北调鹤壁段规模最大的重要控制性工程。

调流泄洪 "大管家"

小水提问：
　　在中线工程中，既然一路奔流的丹江水是通过自流的方式到达京津地区，那水流是怎么控制的？如果遇到暴雨、洪灾等突发灾害，又该如何防御呢？

　　要解决这些问题，就需要动用水流"大管家"——水闸。水闸是一种利用闸门挡水和泄水的水工建筑物，多建在河道、渠系、水库及湖畔岸边。关闭闸门，可以拦洪、挡潮、抬高水位，满足上游引水和通航的需要；开启闸门，可以泄洪、排涝、冲沙或根据下游用水需要调节流量。水闸在水利工程中的应用十分广泛，按其所承担的任务，可分为节制闸、进水闸、退水闸、挡潮闸等。

　　在淇河倒虹吸工程园区，就有退水闸和节制闸两种水闸，它们与倒虹吸管道一起，构成了淇河渠道倒虹吸工程的主要部分。其中，退水闸布置在倒虹吸进口上游总干渠右岸，节制闸设在倒虹吸出口，通过退水闸和节制闸的相互配合调节水流。当洪水发生时，可以泄洪排涝；当淇河需要进行生态补水时，还可以通过水闸对水流的调节，完成生态补水任务。

致敬科技工作者

如今，经过几代人的共同努力，南水北调东线一期、中线一期工程已经顺利运行。在这项伟大成就背后，有这样一群科技工作者，他们用自己的汗水和智慧，日夜不停，默默守护着一渠清水，让我们一起了解他们的工作，向他们致敬！

南水北调总调中心调度人员不论春夏秋冬、白天黑夜，他们每天 24 小时不离岗，时刻关注着输水量、水位等数据变化。

水质监测人员 他们负责通过科学的监测手段，保证每一滴南水都是放心水。

防洪防汛人员 遇到强降雨天气，为了防止洪水灾害对工程产生影响，工作人员需要做好防洪防汛工作。

安全监测人员 他们负责对工程安全进行监测，及时发现问题、解决问题，为工程运营提供安全保障。

设备维护人员 他们负责检查和维护南水北调工程中的设施设备，保障工程的正常运行。

探索地带

南水北调中的"大国重器"

南水北调工程作为我国的超级工程，规模大、战线长、涉及领域多，并且是涵盖隧洞、暗涵、渡槽、明渠、倒虹吸工程、大坝等各种水利工程的超大型项目集群。请根据本篇所学内容，结合自己的理解，分别用一句话描述下列这些南水北调中的水利工程。

水利工程描述

水利工程	描述
隧洞	
暗涵	
渡槽	
明渠	
倒虹吸工程	
大坝	

知识链接

古代水利科技

南水北调工程最终能顺利建设和运行，现代科技发挥了重要作用，是新时代水利精神的践行，同时这也是建立在我国古代人民水利智慧的基础之上的。

在遥远的古代社会，水的重要性促使人们以水为邻，傍水而居。随着生产力的发展和人口的增长，人们开始在远离水源的地方居住，这时，人们需要远距离抽水、调水，同时发现了水的更多功用，于是便产生了各种各样的古代水力机械。

水力机械，是指在液体的水和固体机械之间进行机械能转换的机器。水能，是一种清洁能源，一种可再生能源。水力发电将水的势能和动能转换成电能。

在利用人力获取水的同时，中国古人也注意到了水中所蕴含的能量，并因此创造出水碓（duì）、水排和水磨等机械工具将水能转化为机械能，用于农业和手工业生产。中国古代在水力机械方面的创造发明曾经领先于世界，为人类的文明和进步做出了贡献。

水碓 关于水碓最早的文字记载出现在西汉末年，当时的水碓是利用水力加工稻米的机械，其原理是通过水流带动木杆运动，就可以日夜不停地加工粮食了。

水排 水排最早出现于东汉时期，是借助水流，通过曲柄连杆机构将圆周运动转变为拉杆的直线往复运动，用于冶铁的水力鼓风装置。水排的出现标志着中国复杂机器的诞生，也充分体现了古人的聪明才智。

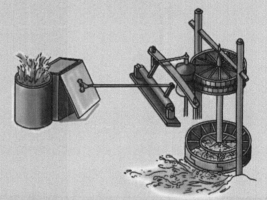

水磨 这是一种古老的磨面粉工具，是用水力带动的磨。其结构设计充满了智慧，上磨盘悬吊于支架上，下磨盘安装在转轴上，转轴另一端装有水轮盘，以水的势能冲转水轮盘，从而带动下磨盘的转动，达到粉碎谷物的目的。

水运仪象台 这是宋朝出现的天文计时仪器，该仪器利用水的恒定流量，推动水轮做间歇运动，带动仪器转动。在机械结构方面，将民间使用的水车、筒车、桔槔、天平秤杆等机械原理加以应用，组成了一个自动化的天文台，可以用来计时、报时、观测天文、演示天象等。水运仪象台被誉为世界较早的天文钟，充分体现了中国古代劳动人民的聪明才智和富于创造的精神。

压水井 压水井就是利用水泵原理，将地下水引到地面上的一种工具。压水井的上面有一个活塞，下面有一个阀门。活塞和阀门都是单向阀，使空气往上走而不往下走。活塞往上移动，阀门开启，可以将阀门下管子里的空气抽到上面腔体来；活塞往下移动时，阀门关闭，活塞开启，空气从活塞处出来。压动把手，使里面的活塞上下移动，使得阀门到活塞腔体压力降低，在大气压的作用下，下面的水被吸上来，并使水向上、向外喷出。

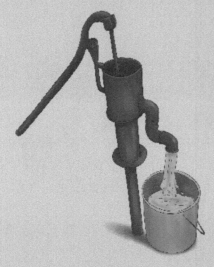

注：古代水利科技图片引用自《江河相会：最美课堂在穿黄》一书。

第四篇

生 态 篇

保护自然生态，共建和谐家园

绿 水 青 山

频发的自然灾害在一次次向我们发出警示：我们的地球母亲生病了，我们正面临着前所未有的生态危机。作为未来社会的接班人，了解生态及其重要性，用自己的行动积极保护生态，是我们义不容辞的责任。

走进生态世界

小水提问：
　　我们经常会听到关于保护生态的呼吁，那到底什么是生态？生态系统又是什么呢？

　　从字面意思上来理解，生态是指生物的生活状态。简单地说，生态就是指生物的生存和发展状态，以及它们之间、它们与环境之间环环相扣的关系。而生态系统就是在一定的空间内，生物与环境构成的统一整体。生态系统可大可小，比如，太阳系就是一个大大的生态系统，一方小小的池塘也是一个生态系统。

　　生态系统有生物和非生物两个组成部分，其中生物部分有三个重要的家庭成员，那就是生产者、消费者和分解者。在小小的池塘中，水草和睡莲能够自行运用阳光进行生长，并为其他生物提供食物，它们被称为生产者；鸭子、小鱼和蜗牛不能直接利用阳光制造食物，需要依靠其他生物提供能量，它们被称为消费者；池塘中的细菌、真菌虽然不能利用阳光来制造食物，但能分解其他生物来获取营养，它们被称为分解者。除了池塘中的生物以外，阳光、空气和水也是整个生态系统的重要组成部分。

　　生态系统内的各组成部分是互相依赖的，任何一部分受到影响，其他部分必然受到牵连，如果其中某种关系被破坏，整个系统会失去平衡，以致毁灭。

　　请根据所学知识，对附近的自然环境进行观察探究，找出其中的生态关系并用绘画的形式进行呈现，标明其中的生产者、消费者和分解者。

水与生态系统

　　水孕育了生命，也维持着生命。没有水，作为生产者的植物就会干枯而死，消费者也会因为没有了食物而不复存在，分解者不能进行消化分解，所有缺少了水的生态系统最终都会消失不见，水在生态系统中的重要性可想而知。

　　过去的几十年，我国进入了一个快速发展的时期，已经大大透支了水资源，并造成了一系列严重的生态问题，地表水开发殆尽、河面干枯、河流污染、湿地消失，一场前所未有的水生态环境危机已经威胁到了我们的社会发展，长此以往，将危及我们每一个人的生存。

南水北调中线淇河倒虹吸工程

"南水"护生态

南水北调工程就是一项当之无愧的生态工程。它缓解了部分地区地下水严重超采问题,提升了地下水的水位;在一定程度上解决了北方部分地区的河流断流、干涸和湿地减少现象;同时,还对水污染起到了一定的遏制作用。

重现"卢沟晓月"

大名鼎鼎的卢沟桥位于北京广安门外西南,横跨永定河,是中国古代北方最大的石桥。"半钩留照三秋淡,一蛛分波夹镜明。"这是清朝乾隆皇帝在秋日路过卢沟桥,看到桥下晓月湖与月光交相辉映的美景时留下的诗句,并题字"卢沟晓月"立碑于桥头。2000年,当地政府曾尝试重现"卢沟晓月"的美景,但最终还是因缺水而放弃。

因为南水北调工程的修建,期盼"卢沟晓月"美景的人们又看到了新的希望。2008年,丰台区政府启动永定河的蓄水工程,将南水北调工程中用来冲管道的再生水注入晓月湖中,干涸多年的晓月湖重新蓄起一池清波,消失多年的"卢沟晓月"美景也得以重现。

卢沟桥

点亮"华北明珠"

"一望湖天接杳茫,蒹葭杨柳郁苍苍。"白洋淀素有"华北明珠"的美称。湖中沟渠可以行船,秋季芦苇收获后,淀水一片汪洋。夏季芦苇密集,水道和苇墙形成迷宫,其景色非常独特、宜人,因此成为著名的旅游胜地。

然而,白洋淀从20世纪70年代以后,竟有多年干涸!有些年份,白洋淀干得底朝天，里面可以跑汽车、拖拉机。虽然实施了多次引黄济淀，但这颗"华北明珠"的水面面积还是大大减少。

随着南水北调中线一期工程的建成通水，来自南方的清清丹江水对白洋淀进行了补给，使白洋淀又"活"了起来，重现了荷花荡漾、芦苇丛生的美丽景色。

白洋淀

实现淇河生态补水

"瞻彼淇奥，绿竹猗猗"是诗歌总集《诗经》中描绘淇河美景的动人诗句，随着降雨量减少和用水量的增加，曾经风光旖旎的淇河也面临着缺水问题。

为了缓解淇河水资源不足的问题，改善淇河两岸生态环境，南水北调中线工程自正式通水以来，截至 2021 年 5 月，已经累计向淇河补充生态用水 11 次，共计补水 8 187.56 万立方米，为淇河提供了充沛的水源，为淇河生态建设做出了巨大的贡献。

南水北调向淇河补水

共绘生态蓝图

　　虽然南水北调工程在一定程度上为生态保护做出了贡献，但要想长远保护生态环境，离不开我们每个人的共同努力。生态文明建设，需要我们每个人从自我做起，从小事做起，从身边做起，从点滴做起，生活中的衣食住行处处与生态文明息息相关，究竟该如何保护生态环境呢？小水准备了生态环保小妙招，希望可以帮到你哟！

（1）抚育生命并保护它。

（2）变废为宝，把厨余垃圾变成小动物的美味食物。

（3）种植花草树木，并用心守护它。

（4）积极参与垃圾分类。

（5）动动魔法手指，废物利用。

（6）把宝贵的物品循环利用。

（7）保护珍贵的水资源。

（8）减少塑料袋的使用。

（9）注意搞破坏的人，一起来监督他们！

低碳生活小达人

大家知道，人类呼吸时，吸入的是氧气，呼出的是二氧化碳。其实不仅是人类呼吸，人们各种生产、生活都会产生大量的二氧化碳等温室气体。温室气体能吸收地面的长波辐射，就像一个大棉被盖在半空中，使大气不断变暖，使得地球平均气温越来越高，这就是温室效应。

住在北方的人可能会认为：地球变暖有什么不好？冬天我们就不用再穿厚厚的棉衣了！实际上，温室效应对人类有百害而无一利。土地荒漠化、旱涝灾害增加、冰川融化、海平面上升都与温室效应有很大关系。

事实上，碳排放和我们每天的衣食住行息息相关。至于碳排放量有多少，联合国相关机构及一些环保组织共同制作了碳排放的计算公式。

家居生活

- 家居用电的二氧化碳排放量（千克）= 耗电量（千瓦·时）×0.785

- 家用天然气二氧化碳排放量（千克）= 天然气使用量（立方米）×0.19

- 家用自来水二氧化碳排放量（千克）= 自来水使用量（吨）×0.91

日常出行

- 开车的二氧化碳排放量（千克）= 耗油量（升）×0.785

- 骑自行车的二氧化碳排放量：0

- 步行的二氧化碳排放量：0

一棵中等大小的树每年能吸收大约6千克的二氧化碳。观察自己的日常生活，记录产生二氧化碳排放的活动，用实际行动减少排放量，算算自己为生态保护贡献了多少棵树，争做低碳生活小达人！

减少二氧化碳排放的小计划，一起行动起来吧！

（1）记录一个月内会引起二氧化碳排放的活动，计算二氧化碳排放量。

（2）下个月注意减少相关活动，计算二氧化碳排放量。

（3）计算两者的差值，算算自己为生态保护贡献了多少棵树。

引起二氧化碳排放的活动：

第一个月

正常参与这些活动时二氧化碳排放量及计算过程：

第二个月

减少参与这些活动时二氧化碳排放量及计算过程：

共减少二氧化碳排放量：

为生态保护贡献树木数量：

知识链接

保护生态环境相关节日

随着社会的进步，越来越多的人意识到保护地球生态环境的重要性，联合国和多个国家也逐步制定了一些保护生态环境的节日，随着这些节日的推广，越来越多的人加入到保护生态环境的队伍中来，一起来看看都有哪些节日吧！

中国植树节

　　树木对于人类生存和生态环境保护，都具有非常重要的作用。为了鼓励人民爱护树木，提醒人民重视树木，倡导人民种植树木，我国明确每年3月12日为植树节。

世界水日

　　世界水日的宗旨是唤起公众的节水意识，加强水资源保护。每年的3月22日是世界水日，我国水利部确定每年的3月22日至28日为"中国水周"。从1991年起，我国还将每年5月的第二周定为城市节约用水宣传周。

世界环境日

　　世界环境日的意义在于提醒全世界注意地球环境状况和人类活动对环境的危害。世界环境日为每年的6月5日，它的确立反映了世界各国人民对环境问题的认识和态度，表达了人类对美好环境的向往和追求。

世界地球日

　　世界地球日即每年的4月22日，是一个专门为世界环境保护而设立的节日，旨在唤起人类爱护地球、保护家园的意识，促进资源开发与环境保护的协调发展，进而改善地球的整体环境。

南水北调工程渠道

第五篇

安全篇

掌握安全知识，增强防护意识

如果说，人生是一座高楼大厦，那么安全就好比这座大厦的地基。没有了安全，生命就会受到侵害；有了安全，人类才能有强健的体魄、充沛的精神。安全是人类健康快乐成长的基础。本篇小水将带领大家掌握与水有关的安全知识，守护生命安全。

认识生命"守护者"

小水提问：
我们经常在一些公共场所看到各种颜色和图案的安全标志，你能准确说出它们的含义吗？

安全标志是一种标识，它们由几何形状（边框）或文字、色彩、图形符号构成，用以表示特定安全提示信息。安全标志的出现，警示我们应该怎样做，不应该怎样做。我们看到这些标志时，马上就可以分辨自己的行为是否安全。所以说，安全标志是我们生命的"守护者"。

为了传达不同的安全信息，并且让所有的人能够快速明白这些标志的含义，快速做出反应，我们国家对安全标志的设置做了统一的规定。

安全标志的设置规定表

几何形状	安全色	对比色	图形符号色	含义
正方形	绿色	白色	白色	表示或提示安全
带斜杠的圆形	红色	白色	黑色	表示禁止或停止
等边三角形	黄色	黑色	黑色	表示警告或注意
圆形	蓝色	白色	白色	必须遵守或指令

小水提问:
　　知道了安全标志的设置规定,你能理解下面这些与水有关的安全标志的含义吗?

_____ _____ _____ _____

　　可能你会感到疑惑:为什么有时候我们会看到长方形的标志呢? 这是因为有些安全标志可与表示方向的图形、文字等辅助标志组合使用,使提示信息更加明确。

当心落水

水深危险
请勿靠近

安全隐患应对攻略

　　虽然水是人类的朋友，但有时候也会威胁到人类的生命安全，掌握一定的安全知识，能够在关键时刻为人类的生命安全增加一份保障。与水相关的常见安全隐患有溺水、洪灾等，下面小水向大家重点介绍溺水、洪灾这两种常见安全隐患的预防和应对措施。

溺　水

　　溺水是夏季常见的意外事件。溺水是指人淹没于水中，因为吸入大量水以及水中所含有的各种杂质，引起缺氧和窒息。这种事件的致死率较高。

　　要想避免溺水，我们首先需要学会识别危险水域和安全水域。

危险水域

　　危险水域包括自然水域、人工开放性水域等。自然水域包括自然环境中的江、河、湖、溪、海等。人工开放性水域包括公共场所中的大型蓄水设施、建筑工地的洼地、水库、人工湖和不规范的游泳池等。南水北调渠道就属于人工开放性水域。

　　这些水域为什么是危险水域呢？

水底状况复杂且未知，可能长有水草等植物，容易缠住人的脚！

江河岸边有一些延伸、缓冲区域，在此玩耍游泳时容易滑到深水区。

有些水库、河道底泥松软，人容易陷入泥沼而无法动弹。

有的水体表面看似平缓或静止，水下却暗藏漩涡，容易把人冲走。

安全水域

安全水域一般指安全游泳池，安全游泳池有三个特征：

（1）游泳池周围有屏障。

（2）池内有浅水区和深水区的醒目标志。

（3）有完善的救生设备和救护员。

小水提问：

　　南水北调渠道看起来水不深，水流也很平静，感觉好像可以游泳，那南水北调渠道的危险性在哪里呢？

坡陡水域

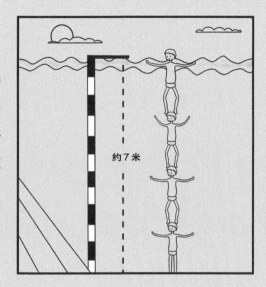

约 7 米

　　光线在水中产生折射现象，我们眼睛看到的水深并不真实，实际情况是，渠水约 7 米深，相当于 4 个成年人身高的总和，一旦落入水中，即便是使出洪荒之力，也很难逃出。

　　并且，南水北调工程沿线的渠坡陡峭，长期被水冲刷，表面十分光滑，一旦落水，靠自身能力是没有办法自救的。

渠坡倾斜

　　另外，渠道里的水面看起来平静，但其实下面水流湍急，速度可达每秒 1 米（相当于每小时 3.6 千米，人类正常行走平均速度约为每小时 5 千米）。这个流速是什么概念呢？就算是世界游泳冠军，在渠道水面下每秒 1 米的流速中，也坚持不了多久。

安全注意事项

为了保障生命安全，大家靠近南水北调工程时，需要做到"四不"：

不在渠道附近玩耍

不在工程范围内钓鱼

不翻越围栏进入渠道内游泳、滑冰

不在跨渠桥梁上逗留、乱扔东西

如何自救

小水提问：

如果自己意外落水，该怎么办呢？淹溺过程很快，若抢救不及时，一般4～6分钟就会心跳停止而死亡。若在1～2分钟内得到正确救护，挽救成功率将近100%。

如果意识到自己溺水，应该怎样自救呢？

镇定放松能自救

屏住呼吸体放松，
斜仰水面鼻露出，
嘴深吸气鼻轻呼。

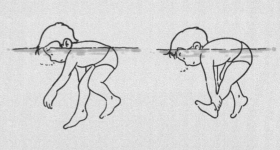

求生意志很重要

身体稳定速求助，
紧紧抓住漂浮物，
"救命"二字大声呼。

肢体抽筋速呼救

小腿抽筋不要慌，
扳脚压腿速呼救，
疼痛缓解速上岸。

 洪 灾

小水提问：

　　虽然雨水可以滋养万物，但是在多雨的季节，它也有可能化身洪水成为可怕的杀手。如果我们遇到洪水该怎么办呢？

　　洪水是一个地区短时间内连续出现暴雨，河水猛烈上涨，漫过堤坝，淹没城市、村庄、农田，冲毁道路、桥梁、房屋等产生的自然灾害。

洪水来了怎么办

　　要想知道洪水来了怎么办，我们首先需要了解洪水的出现有哪些征兆。洪水暴发的征兆有：

　　（1）原本清澈的溪水突然变混浊。

　　（2）河水、溪流等流速增大。

　　（3）河水、湖面等水位上升。

　　（4）山洪到来前上游会明显吹来潮湿的风。

　　（5）听到由远而近如火车轰鸣般的水声。

洪水暴发时，我们该怎么做呢？

如果时间充裕，按照预定线路，有组织地向山坡、高地等处转移。

如果被洪水包围，可利用船只、门板等，做水上转移。

来不及转移时，立即爬上屋顶、大树、高墙，做暂时避险，等待救援。不要单身游水转移。

遇到山洪暴发，一定避免渡河，以防止被山洪冲走；警惕滑坡、泥石流等地质灾害。

当车辆在洪水中熄火时，应该弃车逃离。

洪水过后，服用预防流行病的药物做好防疫，预防传染病。

远离高压线塔、变压器、折断的电线，不可触摸或接近。

一旦房屋进水，立刻切断电源和气源。

应对洪水的避险自救装备

洪水来临时，如果你有时间准备避险用品，那就太幸运啦！下面这张图上的避险自救装备，对你会很有用哟！

另外，在避险的过程中，我们需要远离以下这些危险地带：

（1）危房、高墙及其周围。

（2）洪水淹没的下水道。

（3）马路两边的下水井及窨（yìn）井。

（4）电线杆及高压线塔周围。

（5）化工厂及贮藏危险品的仓库。

（6）地下室、地下车库等。

（参考中国天气网）

"分秒必争" 急救员

小水提问：

当发现有人溺水需要紧急救援，生死攸关的危难关头，在没有专业人员或医护人员在场且形势严峻的关键时刻，应该怎样施以援手、拯救生命呢？

快速求救

当发现有人溺水时，大家第一时间要做的事就是拨打119、110和120急救电话，然后大声呼救，请周围的成年人一起来救护，未成年人不要下水救人。

近岸救援

在附近寻找竹竿或木棍营救溺水者，救援时应趴下而不是站立，且双腿稍微分开，这样能保证自己安全。若站着把竹竿递给溺水者，很容易被拖进水中。

远岸救援

抓住绳子！

救命！

溺水者离我们较远时，不能采用竹竿或木棍进行救援，而是需要用比较长的结绳、抛投救生圈等办法进行救援。

当溺水者被救上岸后，先看一下溺水者是否清醒，脉搏和呼吸是否正常。如果溺水者处于昏迷状态，脉搏和呼吸还算正常，要先清理溺水者的呼吸道杂物，开放溺水者呼吸道，使他清醒过来；如果溺水者处于昏迷状态，没有自主呼吸，但是有脉搏，可以在清理鼻腔杂物的基础上，施以人工呼吸，帮助溺水者恢复自主呼吸；如果溺水者处于昏迷状态，无呼吸、无脉搏，那么需要清理鼻腔杂物，进行心肺复苏。

救命！

心肺复苏

　　心肺复苏简称 CPR，是针对骤停的心脏和呼吸采取的急救措施，是目前公认的最有效的救援方法。抓住"黄金抢救 4 分钟"，掌握心肺复苏方法对我们每个人来说都非常必要，通过翻阅书籍、网络查找、请教专业人员等方式，了解操作方法，并写在下面吧！

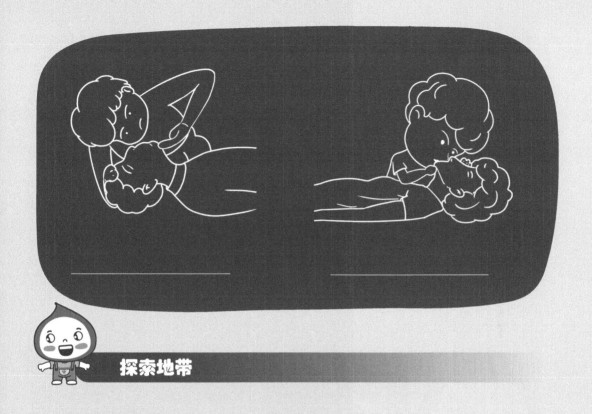

安全地图我来绘

化身安全员，利用掌握的安全知识，和小伙伴们一起对家附近区域来一次安全隐患大排查，并制作一份安全地图，让我们一起来守护自己和他人的生命安全吧！

在制作安全地图之前，我们需要了解如何制作。小水为大家提供了一套制作方法。

1. 召集小组成员

要想完成这份任务，仅仅依靠个人的力量是不够的，需要借助团队的力量。快召集身边的小伙伴，选出组长，制订计划，合理分工，一起行动起来吧！

2. 获取地图

在制作安全地图前，我们需要获取一张详尽的区域地图，这张地图可以帮助我们初步了解所在区域的基本情况。

3. 确定方位

除了获取一张地图外，我们还需要了解该区域的实际方位情况，以及区域内各个建筑物和重要设施、设备的位置。

4. 观察危险情况并记录

小组成员根据团队分工情况，观察有危险的地点，并将观察到的情况记录下来。

5. 制作安全地图

根据观察到的危险情况，对信息进行汇总、整理，通过绘画、粘贴、记录的方式，绘制安全地图。在地图上标注地点名称、危险说明、危险指数等信息，绘制安全标志，并标注地图使用说明。

小水提示：
　　如果制作的地图较大，可以把地图的照片打印出来粘贴在此处哟！

我的安全地图

除了溺水和洪灾之外，日常生活中还有很多安全隐患，它们隐匿在我们周围的各个角落，只有认识它们，处处留心，掌握一定的应急知识，我们才能保护自身与他人的生命安全。

火灾

火灾是最常见、最普遍地威胁我们生命安全的主要灾害之一，是指在时间和空间上失去控制的燃烧所造成的灾害。导致火灾的原因有明火、电火花、雷电火、自燃等。真正发生火灾时的情况可能比我们想象中的情况要复杂，我们可以通过学习下面的逃生"十策"，掌握更多的火灾逃生注意事项。

（1）平时要想好几条不同方向的逃生线路。

（2）躲避烟、火，不要往阁楼、床底、大橱内等易燃物品处钻。

（3）火势不大时要当机立断，披上浸湿的衣服或裹上湿毛毯、湿被褥勇敢地冲出去，但千万不要披塑料雨衣。

（4）不要留恋财物，尽快逃出火场。

（5）在浓烟中避难逃生时，要尽量放低身体，并用湿毛巾捂住口鼻。

（6）如果身上着火，千万不要奔跑，要就地打滚压灭身上火苗。

（7）不要盲目跳楼，可用绳子或把床单撕成条状连起来，紧拴在门窗档或固定物上，顺势滑下。

（8）充分利用建筑物的门窗、阳台、落水管或竹竿等逃生自救。

（9）如被围困在楼上，快向室外扔抛沙发垫、枕头等软物；夜间则可打开手电，发出求救信号。

（10）若逃生路线被火封堵，立即退回室内，关闭门窗，堵住缝隙，有条件的可向门窗上浇水。

交通事故

交通事故是汽车、摩托车等机动车辆或非机动车辆造成的人员死、伤或物损事件。如今，车辆数量每年都在增长，交通事故也越来越多。我们应该怎样避免交通事故的发生呢？

（1）必须在人行道内行走。

（2）在横穿马路时，必须遵守交通规则，看交通信号灯，走斑马线，不要乱闯乱碰。

（3）在没有人行横道的路段，更应遵守交通规则，必须直行通过，不要斜穿猛跑。

（4）不要在车辆临近时突然横穿，要注意避让车辆。

（5）过马路时要耐心等待绿灯，不要急着乱闯，更不能翻越护栏或坐在马路上。

（6）绝对不可以在道路上扒车、追车、强行拦车和抛物击车。

（7）乘车时系好安全带，不要将头、手伸出窗外。

第六篇

收获篇

记录收获感悟，展望美好未来

学习日记

记录学习日记，可以帮助我们回顾学习历程，更好地成长进步。快行动起来吧！

成果展示

有付出就有收获，请将你的成果通过文字、图画等形式展示出来吧！

收获感悟

通过对这本书的学习，你一定有了不少收获，心中也有许多感悟，可以在这里写下收获和感悟哟！